U0198507

筑境

中国精致建筑100

石库门里弄民居

中国建筑工业出版社

## 出版说明

中国是一个地大物博、历史悠久的文明古国。自历史的脚步迈入新世纪大门以来，她越来越成为世人瞩目的焦点，正不断向世人绽放她历史上曾具有的魅力和光辉异彩。当代中国的经济腾飞、古代中国的文化瑰宝，都已成了世人热衷研究和深入了解的课题。

作为国家级科技出版单位——中国建筑工业出版社60年来始终以弘扬和传承中华民族优秀的建筑文化，推动和传播中国建筑技术进步与发展，向世界介绍和展示中国从古至今的建设成就为己任，并用行动践行着"弘扬中华文化，增强中华文化国际影响力"的使命。从20世纪80年代开始，中国建筑工业出版社就非常重视与海内外同仁进行建筑文化交流与合作，并策划、组织编撰、出版了一系列反映我中华传统建筑风貌的学术画册和学术著作，并在海内外产生了重大影响。

"中国精致建筑100"是中国建筑工业出版社与台湾锦绣出版事业股份有限公司策划，由中国建筑工业出版社组织国内百余位专家学者和摄影专家不惮繁杂，对遍布全国有历史意义的、有代表性的传统建筑进行认真考察和潜心研究，并按建筑思想、建筑元素、宫殿建筑、礼制建筑、宗教建筑、古城镇、古村落、民居建筑、陵墓建筑、园林建筑、书院与会馆等建筑专题与类别，历经数年系统科学地梳理、编撰而成。本套图书按专题分册，就其历史背景、建筑风格、建筑特征、建筑文化，结合精美图照和线图撰写。全套100册、文约200万字、图照6000余幅。

这套图书内容精练、文字通俗、图文并茂、设计考究，是适合海内外读者轻松阅读、便于携带的专业与文化并蓄的普及性读物。目的是让更多的热爱中华文化的人，更全面地欣赏和认识中国传统建筑特有的丰姿、独特的设计手法、精湛的建造技艺，及其绝妙的细部处理，并为世界建筑界记录下可资回味的建筑文化遗产，为海内外读者打开一扇建筑知识和艺术的大门。

这套图书将以中、英文两种文版推出，可供广大中外古建筑之研究者、爱好者、旅游者阅读和珍藏。

# 目录

石库门里弄民居

建筑是社会的一面镜子，它反映出一个社会的政治、经济、人民生活方式，乃至审美观念的影子。中国传统民居建筑延续到20世纪初，在几个大城市中发生了重大的变化，这就是石库门民居建筑的产生。这种新型民居建筑的出现，从历史的角度看是一个有趣的现象。虽然它生存了不到30年的光阴，但其存在本身即说明具有其必然的理由。对石库门民居建筑的研究，也使我们了解，在特定的城市历史环境和技术条件下，中国人是怎样吸收了外来文化并使之适应本民族的需要，纳入传统生活方式的轨迹。那么，我们揭开这页历史，也许会得到有益的启示。

一、世纪之交中国的新型城市民居

一个半世纪以前的中国，面临的是不断的灾难与屈辱，中国社会正处于风雨飘摇的社会动荡之中。从1840年至1900年的60年中，清王朝在一系列帝国主义侵华战争中惨遭失败，被迫签订一系列不平等条约，在这一过程中中国传统的价值观念受到强烈的冲击。关于这一点，哈佛大学著名历史学家费正清教授有一段极精彩的论述："古老的农业经济——官僚政治的中华帝国，远非进行扩张的、推行国际贸易和炮舰政策的英帝国和其他帝国的对手。外国对中国侵略的速度一直在加快。在1840—1842年鸦片战争以后不到15年，就有1857—1860年的英法联军之役，又过了十年左右，发生1871年俄国侵占伊犁和1874年日本夺取琉球的事件；又不到十年，爆发了1883—1885年的中法战争。9年以后，日本在1894—1895年大败中国（引者按：指中日甲午战争），紧接着是1898年争夺租借地和1900年的义和团之役（引者按：指八国联军侵华战争）。伴随着这些戏剧性的灾难而来的，是传统中国的自我形象——即它以中国为中心看待世界的观念——的破灭，这一破灭与那些灾难相比，虽然几乎是看不见摸不着的，但却有着更加深远的影响。"

与此同时，随着根深蒂固的"中国中心论"传统观念的破灭，中国人对西方世界的心态也发生了变化，逐渐由抵制西方文化转向学习西方文化，掀起向西方学习的热潮。1902年以后，清廷推行新政，奖励私人投资办工业，废除科举兴办学堂，鼓励出国留学，改革军制创办新军。1911年辛亥革命以后，向西方学习的风气

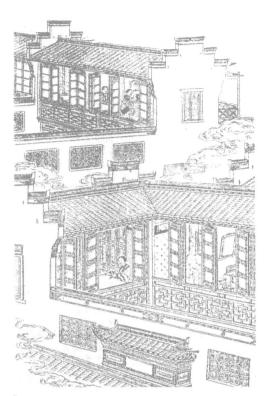

a

b

**图1-1 上海早期的石库门弄堂**

图a是清末小说中的插画，描绘早期石库门里弄民居的生活场景，细节真实，布局颇富中国传统风韵，尤其难得的是人物活动与家具布置亦隐约可见；图b是笔者于1980年拍摄的上海公顺里厢房窗及窗下栏杆，与界画相比基本相同；图c是上海洪德里栏杆大样图。三者巧合，并非刻意追求。

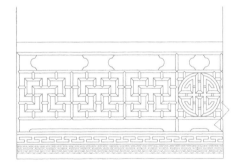

c

更盛，大批学子出国留学，其中就有中国第一位专攻建筑专业的留学生，1911年赴美留学，1914年学成归国的名建筑师庄俊先生。进入20世纪以后，各商埠城市的租界区逐渐形成独立的城市新区，西方建筑在租界区大量建造并流传到中国各地，在这个过程中逐渐形成了中国的新建筑体系。

石库门里弄民居就是在中国新建筑体系产生、发展并取代旧建筑体系的新旧交替之际发展起来的城市民居。石库门里弄民居最早产生在上海，后来流传到汉口与天津，并在这三个城市（主要是在这三个城市的租界区内）大量建造，它的发展与租界区的发展密切相关。在论述石库门里弄民居之先，有必要简要回顾一下上海、汉口与天津租界区产生与演变的历史。

上海是中国最早设立租界的城市。1843年上海开埠时并未规定租界条款。1845年11

图1-2　上海宝康里

宝康里现已拆除，改建为地铁站。照片由笔者摄于1980年。宝康里是单开间户型的石库门里弄民居，每开间一个石库门，韵律感很强，也很有特色。石库门围墙已经降低到窗台高度，石库门则已采用西式装饰。

图1-3 上海东斯文里

东斯文里始建于1914年，1921年竣工，以单开间石库门里弄民居为主，是供较低收入阶层居住的住宅区，每户居住面积较小，装修标准不高，外观亦较简陋。

月，英国与上海地方政府订立《上海土地章程》，准许英国人在上海租地造屋。当时划定洋泾浜（今延安东路）至李家场（今北京路）一带为英国租用范围，次年确定东至黄浦江、西至界路（今河南中路），南至洋泾浜、北至李家场的范围为英人居留地（Settlement），面积830亩。此时的英人居留地仍由中国政府管辖，至1869年，英美法等国迫使清政府修改《上海土地章程》，获得居留地的统治权，其后遂制定法律、建立行政机构、设立巡捕房、监狱，驻扎军队，居留地成为真正的租界。1848年，英人居留地扩展范围，总面积达2820

世纪之交中国的新型城市民居

筑境 中国精致建筑100

图1-4 上海建业里

位于建国西路岳阳路转角处，1930年建造。建业里建造时间较晚，但工程做法悉按陈规，在后期石库门里弄民居中是不多见的。里弄中多处设置过街楼，总弄与支弄衔接处设砖砌拱券分隔空间，红砖红瓦，马头出墙，中西合璧，典雅古朴，是当时中西建筑文化交融的典型产物。建业里已被评定为上海市重点文物保护单位，里弄建筑得到妥善保护。

亩。同年，美国在虹口设美人居留地，1863年与英人居留地合并，即后来的公共租界。公共租界于1893年、1899年、1915年几度扩张，总面积达52570亩。法国于1849年在旧城区以北设法人居留地984亩，并于1861年扩张至1124亩，1869年改为法租界，后于1900年、1914年两次扩张范围，总面积达15124亩。

1860年天津开埠，英国公使于当年12月提出划天津城东南海河右岸自紫竹林至下园一带为英租界，相当于今天东至海河、西至大沽路、北至营口道、南至彰德道的范围，面积460亩。此后英租界于1897年、1902年、1903年先后三次扩张范围，总面积达6149亩，是天

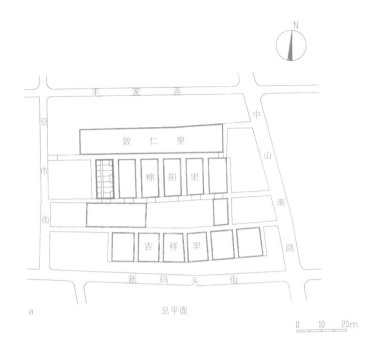

a　　　　　　　　　　　　总平面

0　10　20m

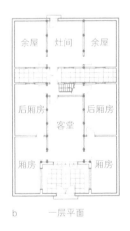

b　　　一层平面

二层平面

0 1 2 3 4 5m

图1-5　上海敦仁里、棉阳里、吉祥里总平面图、典型户型平面图

建于1900年前后，是建造较早的早期石库门里弄民居。三处里弄连成一片，除棉阳里因地形限制建有少量二间一厢户型外，都是典型的三间二厢户型。石库门围墙很高，对外不开窗，后部次屋是独立的单坡平房，顶上不设晒台。

津各国租界中占地最多、时间最长者。其他各国也相继在天津设立租界，除1901年设立的美租界于1902年并入英租界外，还有1861年设立的法租界；中日甲午战争之后于1895年设立的德租界；1896年设立的日租界；八国联军侵华战争之后于1900年设立的俄租界；1902年设立的意大利、比利时租界与1903年设立的奥地利租界。此外又有法租界于1900年、1931年，德租界于1901年，日租界于1900年、1903年先后扩张范围，租界最多时的1917年天津共有八国租界，总面积达22874.5亩。

武汉的租界区集中在汉口，规模比上海、天津的租界区小得多。1861年，英国据《天津条约》要求在汉口设立租界，当即立约，划定今江汉路至合作路，长江江滨至鄱阳街一带为英租界范围，面积458亩。中日甲午战争后，各国相继在汉口设立租界，计有1895年设立的德租界；1896年设立的俄租界与法租界及1898年设立的日租界，又有英租界于1898年、法租界于1902年、日租界于1906年先后扩张范围，五国租界在今长江江滨至中山大道、江汉路至黄浦路的范围内连成一片，总面积约2700余亩。此外，还有比利时乘修筑京汉铁路购地之机私买民地约600亩，于1898年要求订为比租界，经八年多反复交涉，由清政府用白银赎回。

上海、天津、汉口的租界区至1900年以后范围扩张，人口增长，经济逐渐繁荣，房地产生意日益兴隆，各种"样式"建筑在租界区内大量建造，在这些城市的租界区内逐渐形成了新的城

图1-6 上海斯文里总平面图

斯文里位于苏州河畔，南苏州路与新闸路之间，大田路两
侧，占地3.21公顷，建有石库门里弄民居664户（包括沿街
店铺），是上海也是中国最大的石库门里弄。斯文里以大田
路为界，东侧一半称东斯文里，西侧一半称西斯文里。

市中心。石库门里弄民居就是随租界区的发展逐渐形成的新的住宅类型。

由于这三个城市政治、经济、地理位置诸方面的不同情况，19世纪末20世纪初期以前城市发展在时间上有早有晚，发展过程也不尽相同。上海由于经济上与地理位置上的特殊重要地位，成为各国在中国进行经济侵略的主要目标，因此上海的租界区出现最早、规模最大，在几十年的时间里，上海发展成为以租界区为主体的商埠城市。20世纪20年代以前，北京是中国的政治中心，与北京相去咫尺的天津成为外国资本与中国官僚买办资本经济活动集中的城市，因此，天津租界区发展较快，面积较大，同时又有清末举办新政时欲与租界区竞争而进行的"河北新区"的建设。汉口虽早在1861年已设立英租界，但规模很小，直至1895年以后才形成五国租界区，规模也远远不能与上海、天津的租界区相比。而汉口旧城区则在清末举办新政时大有发展，在汉口城市发展过程中旧城区与租界区同样起着重要的作用。

这三个城市中的石库门里弄民居也就因城市发展的不同特点而经历了不同的发展过程。

二、上海的石库门里弄民居

图2-1 上海树德里

兴业路黄陂南路路口的树德里沿街住宅都是单开间石库门里弄民居，墙体用青砖红砖相间砌筑，青瓦屋顶，黑色石库门镶嵌着白色条石门框，色调协调，别具一格。石库门围墙很高，装修则已西化。街道转角处随地形抹角设置成异形单元，使建筑体形与十字路口街道景观协调。

图2-2 上海步高里

建国西路与陕西南路交口处的步高里建于1930年，红砖红瓦。石库门仅饰以简洁的砖砌半圆拱券。建国西路入口处在两组对称的西式里弄山墙之间插入一座中式牌楼，中西结合，却十分协调。沿街立面高低错落，牌楼精巧的造型与简洁的石库门围墙形成鲜明对比，颇富艺术感染力。步高里1989年被评定为上海市优秀近代建筑和上海市文物保护单位。

图2-3 上海大田路300弄3号
/对面页

大田路300弄3号的石库门围墙已经降低，当为建造时间较晚的石库门里弄民居。有意思的是，同一里弄之中毗邻的分户单元却使用风格完全不同的装修手法——3号石库门围墙使用西式宝瓶栏杆，5号使用绿色琉璃花饰——或许是业主猎奇心理所致。

石库门里弄民居随上海城市的发展最早出现在上海英人居留地内。1853年9月小刀会起义，占领上海县城17个月，城厢内外及青浦、嘉定等地的豪绅富商纷纷迁居英人居留地，英国商人乘机建造大批木板房屋出租谋利，1860—1862年间，太平军几次进攻上海，一度占领苏州，江浙两省绅商也大批迁入上海英人居留地。1853年居留地内华人不过500人左右，1860年跃至30万，1862年几达50万人。急剧膨胀的人口对房屋的需求使木板房屋大量建造，直至1864年太平天国失败后，逃到上海的绅商返回乡里，居留地内人口减少，木板房屋的建造才告停止。

这种木板房屋由英商经营，首次采用了西方联排式住宅的建造方式，同时也是中国房地产商品化的开端，可以说是上海石库门里弄民居的雏形。

上海的石库门里弄民居

筑境 中国精致建筑100

图2-4 上海大田路300弄5号

图2-5 上海石门二路229弄
/对面页
石门二路229弄的石库门围
墙降低，装饰简化。石库门
用几何体块组合，但尚留有
西方古典柱式的痕迹。

1870年，为防止火灾，租界区内取缔术板房屋，代之以砖木立帖结构的联排式住宅，这就是最早建造的石库门里弄民居，多分布在早期英租界区范围内，建筑质量不佳，年代久远，今日已无遗迹。

据资料记载北京路兴仁里是上海最早建造的石库门里弄民居，建于1872年，但并无确证，实物亦已拆除，无从考察，暂存疑，供各位读者参考。

1900年前后，外商在上海开设的地产公司如沙逊洋行、业广地产公司、哈同洋行等在租界区内大量兴建石库门里弄民居。稍后，华商房产商如周莲堂、程谨记、贝润生、严裕棠等

鉴镜　中国精致建筑100

图2-6　上海黄陂南路344弄

与石门二路229弄相比，黄陂南路344弄的石库门围墙更低，石库门与围墙融为一体，亦为几何体块组合。为进一步节约用地，已增至三层

开始经营石库门里弄民居。早期石库门里弄民居就在租界区内及南市十六铺一带大量建造起来，如1900年前后建造的中山南路敦仁里、棉阳里、吉祥里。

早期石库门里弄民居的雏形，1853年开始建造的联排式木板房屋与1870年以后最早建造的一批石库门里弄民居都由英商建造，一开始就受西方联排式住宅的影响，采用各户共用山墙、成排建造的方式，而结构形式则受建筑材料、施工方法与工匠水平的限制，仍为采用中国传统立帖式的砖木结构，而它的平面形式与建筑艺术处理手法则是在江南民居的基础上演变而成，平面形成仍保留传统民居的基本特征：封闭内向、严整对称、正房厢房围合成院落，对外不开窗，所有门窗开向院落。因用地紧张，均建造二层楼房，院落缩小为天井，山墙仍沿用江南民居常用的马头山墙，细部处理及室内装修亦一如旧制。最典型的是每户必用的入户门是中国传统建筑的石库门。随这种民居的大量建造石库门已成为上海人人皆知的名词，此类民居亦以之命名，称为石库门里弄民居。

早期石库门里弄民居多为三间两厢户型——三开间、两侧都有厢房，也有少量业主自用的特殊户型，如上海兆福里的五开间户型及上海洪德里那样规模更大的户型。

早期石库门里弄民居的特征除户型多为三间二厢外，还有这么几条：主屋后部的次屋

图2-7 上海慎余里

天潼路847弄慎余里是居住环境较好的后期石库门里弄，弄道较宽，建筑质量优良，青砖青瓦，色调素雅。为改善居住条件，将其对外开窗，二层则设有阳台，逐渐打破了早期石库门里弄民居封闭内向的传统建筑格局。

都是单层，顶上作晒台，还没有出现次屋上面的亭子间；建筑外观比较简朴，黑色蝴蝶瓦屋面，黑色石库门，白粉墙，色调素雅，对比鲜明，颇具江南民居风韵；石库门围墙很高，约达5米以上，后部次屋虽然只有一层，但屋顶向内倾斜，后墙也与石库门围墙一样高，外观封闭。建筑装修则仍保留江南民居特色。

辛亥革命后，在1911—1920年这段时间里，上海工商业发展较快，城市扩展、人口剧增，对住宅的需求量大增。其时石库门里弄民居大批建造，建造数量很大，分布范围极广，在法租界范围内向西扩展到今重庆南路一带，在公共租界范围内苏州河以南扩展到今万航渡路静安寺一带，苏州河以北则扩展到今西藏北路与杨树浦港之间北至沪宁铁路虹口公园的广大地区。

这一时期大量建造的后期石库门里弄民居以单开间户型居多，只建有少量两间一厢与三间二厢户型。这是因为城市扩展，石库门里弄民居的居住者已由少数富户扩展到中产阶级家庭，居住者经济收入并不十分宽裕，量入为出，居住条件要求降低，首先是减少面积，然后是简化装修。此时由于建筑技术进步，已少用石料而改用水刷石装修，屋面蝴蝶瓦改用机制平瓦或土窑平瓦。石库门门头装饰已少用传统的花鸟虫鱼图案，多模仿西方古典建筑纹样或简化为几何体块，石库门围墙高度降低，大致降至二层窗台高度。后部次屋之上加建二层，除晒台外还有

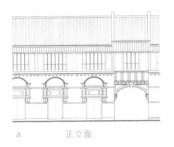
a　　　正立面

天井内正立面

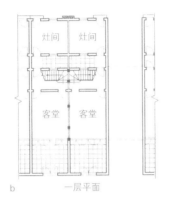
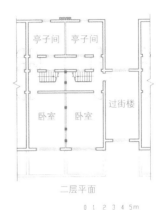
b　　　一层平面

二层平面

0 1 2 3 4 5m

**图2-8 上海宝康里户型平面、立面图**

建于1904年，位于马当路与黄陂南路、兴安路与淮海中路之间，占地0.94公顷，全部是单开间户型。宝康里建造年代较早，但装修已受西洋建筑影响，有较大变化。

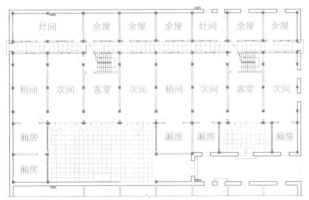

0 1 2 3 4 5m

**图2-9 上海兆福里平面图**

兆福里是早期石库门里弄民居中较特殊的实例，除三间二厢户型外，还建有五开间户型，天井增大，房间很多，是适应较富裕的居住者需要的户型，传统四合院住宅的气氛也更浓郁一些。

亭子间。1920年以后为节约用地，还建造了少量三层户型石库门里弄民居。

后期石库门里弄民居每户建筑面积显著减少，约为早期的四分之一，而里弄规模则大大扩张，早期石库门里弄民居中规模较大者如兴仁里共有三间二厢户型30户，又有单开间沿街店铺户型27户。而后期石库门里弄民居中规模最大的是斯文里，1914年开始建造，1921年竣工，占地3.21公顷，各类户型住宅共达664户，其规模已远非早期石库门里弄民居可比。这当然是城市人口剧增，用地紧张，地价飞涨的必然结果。

1920年以后，石库门里弄民居建造渐少，以西方现代联排式住宅为蓝本的新式里弄住宅建造渐多。进入20世纪30年代，石库门里弄民居就完全被新式里弄住宅取代。

三、武汉的石库门里弄民居

石库门里弄民居，武汉俗称里分住宅，在武汉开始建造的时间较晚，集中建造在汉口一地。

武汉的石库门里弄民居系由来汉的上海房产商首先经营，开始完全是照搬上海的早期石库门里弄民居，以后相沿成习。从1905年前后至1930年在汉口租界区及旧城区内大批建造。1930年以后同上海一样，已改建新式里弄住宅。

武汉的租界区形成较晚，规模也不大，虽然1861年已在汉口设立英租界，但规模甚小，面积仅458亩，建筑活动也不兴盛。1895年以后才逐渐形成汉口的英、俄、法、德、日五国租界，面积与汉口旧城区大致相等。汉口租界区沿长江展

图3-1 武汉长清里33号、34号

武汉长清里33号是典型的早期石库门里弄民居。石库门及围墙仍保持着原始的面貌。围墙很高，约5米，上部作西式宝瓶栏杆装饰，其余部分仍依旧制，体现出"中西交融"的建筑风格。长清里已拆除，照片由笔者摄于1980年。

武汉的石库门里弄民居

石库门里弄民居

图3-2 武汉华中里
华中里建于汉口最繁华的商业街江汉路一侧，江汉路与
前进五路、江汉一路与江汉二路之间，占地约2公顷，
是汉口规模较大的早期石库门里弄之一。华中里已被拆
除，照片所示是弄内留存的单开间石库门里弄民居。

图3-3 武汉三德里 行页
三德里居住环境较好，弄道宽敞，石库门围墙较低，装
修简洁。

开，五国租界连成一片，背靠京汉铁路，交通
方便，可谓得天独厚。随租界区的发展，租界
区内建筑活动兴盛，各类洋式建筑大量建造，
租界区逐渐繁荣起来。与此同时，清末洋务派
领袖人物之一的张之洞在武汉举办新政，在张
任湖广总督的1889—1907年间先后修建铁路、
堤防，开办工厂。1908年又拆除汉口旧城区城
垣修建马路，于是，自硚口至江汉路一带的旧
城区也逐渐发展起来。

汉口的迅速发展引起上海房地产商的注
意，鉴于上海开辟租界后市区迅速发展引起房
地产价格飞涨的经验，他们认为尽早在汉口经

筑境 中国精致建筑100

图3-4 武汉汉润里

汉润里石库门围墙更低，石
库门采用简洁的西式装修，
外墙开窗，并设有木百叶
窗。试与前例长清里作一比
较，早期石库门里弄民居封
闭内向的格局已大为改观。

图3-5 武汉汉润里里弄环境
（对面页）

炎炎夏日，弄堂里却阴凉舒
适。摘菜的老人，看书的孩
子，拿个板凳，搬个躺椅，
坐在弄堂里，多么舒适，多
么惬意

营房地产事业有大利可图，于是纷纷来汉购地
建房。最早来汉的刘贻德、蒋广昌、胡庆余堂
及曾任上海道的袁树勋等在火车站附近的法租
界购买地皮建造了汉口第一批石库门里弄民
居，如1902—1905年间建造的长清里，1905
年建造的海寿里。这是汉口石库门里弄民居的
起源，上海的早期石库门里弄民居由上海的房
地产商搬到了汉口，并且在以后的十几年中在
汉口大批建造起来。

　　1911年辛亥革命，武汉是首义之区。冯国
璋占据汉口与民军隔江对峙，纵兵放火焚烧汉
口旧城区，但是完全不敢触动租界。1911年大
火以后，旧城区元气大伤，繁华的商业区集中
到租界区主要是今江汉路英租界一带。早期来

a

b

图3-6 武汉同兴里石库门

简化的石雕雀替,简化的西式科林新柱式,柱身细长,柱头简化,但科林新柱式余韵犹存。

图3-7 武汉同兴里石库门西式爱奥尼柱头
同兴里另一石库门同样模仿西方古典建筑，
变形的爱奥尼柱头带有几分民间工艺色彩

汉的上海房地产商鉴于辛亥大火，认为只有投资租界区才有保障，他们在1911—1917年间建造的石库门里弄民居多集中在租界区内及紧邻租界区的地区。

第一次世界大战期间，中国的民族工业得到发展的机会，武汉也是如此。同时，武汉的买办资本也有发展，一时经济繁荣，房地产商纷纷投资购地，经营石库门里弄民居，汉口石库门里弄民居的建造进入高潮。此时，租界区内自江汉路至三阳路一带已为捷足者先占，房屋林立，空地很少。而日租界一带则远离闹市，难于发展。于是，石库门里弄民居的建造范围逐渐扩大到租界区与铁道之间的地区及江汉路以南的前后花楼一带，建造了永贵里、生成南北里等里弄。1917年，汉口华商总会发起

图3-8 武汉长清里33号二层厢房木窗及窗下栏杆（上图）

武汉的石库门里弄民居源于上海，20世纪初汉口建造的第一批里弄就是由上海的房地产商按上海模式建造的，试将长清里与上海公顺里的木装修作一比较，实如一奶同胞。这当然不是偶合而是石库门里弄民居发展史的见证。长清里已拆除。照片由笔者摄于1980年。

图3-9 武汉长清里户型平面图（下图）

长清里于1902—1905年间陆续建造，是上海房产商在汉口最早建造的石库门里弄民居之一。长清里三间二厢户型与上两例相同，都属早期石库门里弄民居，唯后部平房次屋在笔者调查时已无存，当为维修时拆除。平面图于1980年测绘。

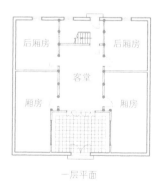

一层平面

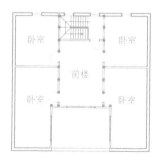

二层平面

0 1 2 3 4 5m

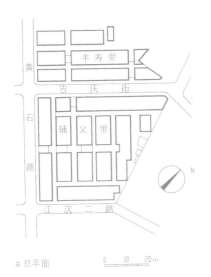

a 总平面

0  10  20m

**图3-10 武汉辅义里总平面图及户型平面图**

建造地点在汉口当年"模范区"内黄石路一侧，弄内建有三间二厢、二间一厢与单开间户型，后部次屋二层，顶上是晒台。平面图于1980年测绘。

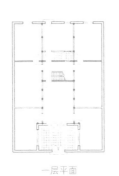

一层平面　　　　　二层平面

b 辅义里三间二厢户型

0 1 2 3 4 5m

一层平面　　　　　二层平面

c 辅义里二间一厢户型

0 1 2 3 4 5m

开辟"模范区"的营建活动，在今中山大道至铁道，保成路至大智路之间集中购买地皮建造房屋，先后建造了辅义里、东山里等一批石库门里弄民居。1923年，又有武汉的军阀势力集团即当时所谓"将军团"与工商界组成"济生地产公司"，低价购进今中山大道至铁道，友谊路至前进一路之间的地皮，以后分片转卖，在1923—1926年间建造了一批石库门里弄民居，如大陆里、富源里。

这段时间内，外商在汉口也建造了一些石库门里弄民居，但数量很少，都建造在租界区内，如首善里。

1926年，湖北官钱局倒闭，发行的铜元票成为废纸，武汉工商界受到沉重打击。加之1927—1930年间武汉地区战事频繁，投资建房者极少，石库门里弄民居的建造亦大幅减少乃至终止。

图3-11 武汉丰寿里户型平面图
建造地点也在黄石路一侧，与辅义里隔街相望。丰寿里单开间户型是较典型的石库门里弄民居，后部次屋两层，二层是亭子间，亭子间顶上设有晒台。平面图于1980年测绘

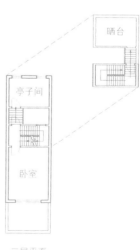

一层平面　　　　　　二层平面

0 1 2 3 4 5m

四、天津的石库门里弄民居

清末民初，中国的政治中心一直在北京。天津是北洋军阀的大本营，与首都北京相去咫尺，又有面积仅次于上海的八国租界，在20世纪30年代以前一直是一个有着特殊政治地理地位的城市。天津的租界区设立较早，发展也很快，至20世纪20年代租界区内已逐渐形成新的城市中心。1901—1907年袁世凯任直隶总督兼北洋大臣期间推行新政，改革军制、编练新军、兴办巡警、考核吏政、创办学堂、改革司法，并任用周学熙创办实业，使直隶省成为当时推行新政最活跃的省份。其时在天津兴办公共事业、开展市政建设，主要的经营对象是天津旧城东北的河北新区。

当时，租界区不断扩张，旧城区已无发展余地，袁世凯遂决定在新开河一带开发河北新区。19世纪末，天津至山海关，天津至北京的铁路先后通车，但从当时的老龙头车站（今天津站）至北洋通商大臣衙门须通过俄、意、奥三国租界，使用十分不便。为摆脱这种局面，袁世凯饬令天津道于1903年在新开河购地建成新火车站，称天津总站（今天津北站），并在北洋通商大臣衙门至新火车站之间开辟大经路（今中山路）及若干条与经路垂直的纬路，形成河北新区规整的道路网。举办新政期间建造的工厂，学堂、劝工所等多在河北新区范围内，此外还建造了一些衙署、会所及官员私宅。辛亥革命后，天津市政府设在河北新区，又因铁路运输发展，居住在这一带的政府机关职员及铁路职工人数逐渐增多，此时河北新区的地价较之租界区要低得多，清末民初下野的

军政要人多在天津投资房地产，河北新区成为他们的投资热点，短时期内建造了许多院落式里弄民居。如曾任江西都督、江苏督军的李纯开办东兴房产公司，在河北新区建有东兴里，曾任北洋政府大总统的冯国璋建有择仁里，都是规模较大的院落式里弄民居。院落式里弄民居是在北方传统四合院住宅的基础上发展产生的住宅类型，由若干平房三合院或四合院并联建造而成，造价较低，也比较简陋，在天津主要建造在河北新区，后期在旧城区及租界区内也零星建有一些小规模的院落式里弄民居。

　　天津的南市位于旧城区与法、日租界之间，是各管界外围的闹市区。由于南市的大部分地区不在各管界范围之内，三方面都不管理，因此成为"三不管"地区。南市三不管地

图4-1　天津湖北路1号石库门

天津的石库门里弄民居数量很少，规模也不大，近年随大规模城市建设的开展已拆除殆尽。湖北路1号石库门尚完整保存，装修已经西化，采用爱奥尼柱式，西式三角形山花，而条石门边框、门过梁与石雕雀替仍依旧制，反映了当年天津建筑中西交融的状况。

区与毗邻的日租界繁华区即今和平路与兴安路之间的地区，社会秩序混乱，是城市下层居民居住的地区，又是有产者寻欢作乐的场所，也就成为华商房产商投资建房出租牟利的目标。南市一带在1900年前后还是常年积水的水草地，后来逐渐填平，一些大房地产公司如前清直隶总督荣禄的荣业公司，曾任江西督军的陈光远的振德公司及前面提到的李纯的东兴公司都在这一地区大量购地建房。在1900—1920年这段时间里，除建造许多简陋平房外，还建造了一些早期石库门里弄民居——天津俗称锁头式住宅。早期石库门里弄民居在天津建造的时间不长，建造数量也不多，都建在南市一地，如南市永安里、群英后。时光流逝，随着天津大规模城市建设的开展，南市的锁头式住宅已无迹可寻。20世纪80年代初期，作者曾测绘南市永安里，是较典型的锁头式住宅，平面类型与上海早期建造的三间二厢石库门里弄民居相同，装修则较为简陋。

图4-2 天津永安里户型平面图
建于南市，是较典型的早期石库门里弄民居，全部是三间二厢户型，天津俗称"锁头式"住宅，因平面似旧式锁头，故名之。试将永安里与上海敦仁里、棉阳里、吉祥里作一比较，可知二者基本相同，属同一类型里弄民居。永安里已拆除，平面图于1980年测绘。

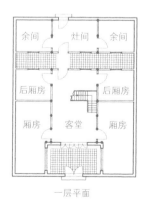

一层平面

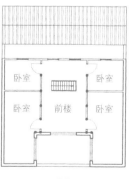

二层平面

0 1 2 3 4 5m

五、传统的建筑空间

提到中国传统建筑空间，首先想到的当然是四合院。我们知道，中国传统建筑的最大特点就是用简单的、标准化的单体建筑组合成空间变化丰富、适应地形地势、适合各种功能要求的建筑群体，而构成建筑群体的基本单元就是四合院。不管是宫殿、庙宇、官衙，还是书院、住宅、园林，宫、室、堂、馆、楼、阁、轩、斋，小至百姓私宅，大至明清故宫，都是由一所、几所乃至几十成百所四合院组合而成。可以说，如同生物的细胞一样，四合院也是构成中国传统建筑的细胞，为了深入了解中国传统建筑空间，我们不妨追根寻源，回顾一下四合院建筑的由来与发展。

自从人类脱离穴居生活，就有了住宅，在所有建筑类型之中，首先产生的应当是住宅建筑，这是人类赖以生存的基本条件之一。中国传统建筑各种类型并没有本质的区别，各类建筑都由住宅建筑演变而来，如汉代号称中国第一所佛寺的洛阳白马寺就是由官吏"舍宅为寺"，直接将住宅改造为佛寺，所以在各类建筑中都可以看到住宅建筑的格局。古代中国讲究"礼"，建筑形制也当作国家的制度有明确规定，皇帝、诸侯、大夫、士人所居房屋的制式各有成规，依次递减，等级森严，不可逾越，这就是所谓"门堂之制"。中国传统建筑主要由三种要素——门、堂与廊构成，以住宅建筑为例，门是入口处的门屋，堂是坐北朝南、坐落在中轴线上的堂屋与两侧的耳房，廊是东西两侧的厢房及围墙，门堂分立，门屋与堂屋之间拉开一段距离，两侧用厢房与围墙封

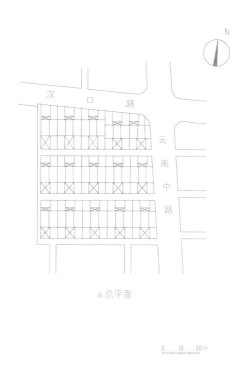

a 总平面

0　10　20m

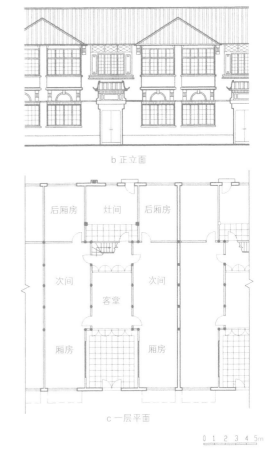

b 正立面

c 一层平面

0 1 2 3 4 5m

**图5-1 上海老会乐里总平面图与户型平面、立面及剖面图**

建于1916年，是较典型的三间二厢石库门里弄民居。采用传统民居习用的立帖结构，装修做法也沿用传统形制。后部单层厨房顶上设木楼梯通往后部厢房顶上的晒台，使用颇为方便。老会乐里前后厢房都沿街开窗，前厢房二层设有阳台，显示出西方建筑的影响已逐渐渗透到石库门里弄民居之中。

d 剖面

0 1 2 3 4 5m

闭，形成四面房屋围绕的中央院落，就构成中国传统的四合院。简单的四合院住宅只有一进，也就是一套四合院，人口众多的豪富之家则将若干套四合院串联起来，形成多进四合院住宅，更大的四合院住宅又将几套多进四合院并联，有的还附有花园。在传统四合院住宅中，封建家庭聚族而居，长辈居堂屋，晚辈住厢房，长幼尊卑有序；客厅在外院，女眷居里院，内外有别、宾主有别，充分体现了传统的礼教精神。四合院高墙深院，与外界隔绝，在战乱频繁的古代中国，它在安全保障方面的作用固然不可低估，更重要的是它适应了中国传统的生活方式，高墙之内，以院落为中心形成公用的活动空间，家庭成员自由往来，融融乐乐，共享天伦。

石库门里弄民居就是在中国传统四合院住宅的基础上演变发展形成的新住宅类型。门堂分立，建筑围绕院落，所有房间都朝院内开门开窗，对外则高墙壁垒，封闭内向。这正是传统四合院住宅的基本空间特征。19世纪末叶的上海，惜地如金，传统的单层四合院住宅自然难以为继，只好抛却对故土田园的怀念，因地制宜，入乡随俗。于是，院落缩小成为天井，房屋重叠而有二层，高高的围墙仍旧与外界隔绝，密不透风的石库门内留下一个家庭的生活空间。在典型的石库门里弄民居中，正对入口石库门的是客堂与客堂两侧的次间，客堂与天井同宽，以落地隔扇为门，夏日卸去隔扇，堂屋天井就连成一体。天井两侧是左右厢房，楼梯在客堂后部。楼梯后面是生活必需的灶披间

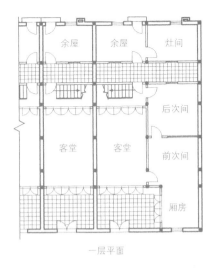

一层平面

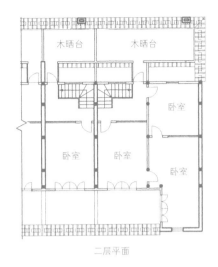

二层平面

0 1 2 3 4 5m

图5-2 上海老祥康里户型平面图
建于1908年。弄内建有二间一厢与单开间户型，每户建筑面积较少，是供小户人家使用的户型。

（厨房），灶披间层高较低，其上层高更低的小间从楼梯的休息平台进入，低矮窄小，本是供佣人居住或作仓库的小间，这就是许多文学作品中常常提到的大名鼎鼎的亭子间。20世纪30年代贫困的作家常常贷居亭子间，中国近代文学史上许多名作就是在亭子间中写成的。

近年来，许多人对中西建筑的比较研究感兴趣，这是涉及中西建筑文化比较的极有意义的课题。与门堂分立的中国传统建筑相反，西方古典建筑的门（入口）与堂（建筑主体）是紧紧连在一起的，于是形成一座座独立的建筑物，如同一座座雕塑屹立在空旷的场地上，从四面都可自由观赏。最典型的是文艺复兴时期意大利维琴察（Vicenza）的圆厅别墅。如果到上海看看龙柏饭店旁仍原状保存的沙逊别墅，这种感觉也是极强烈的。正因为如此，西方建筑重外部造型，重体形变化，强调建筑与外部环境共同构成的建筑空间。中国传统建筑的空间观念则完全不同，比外部造型更重要的是由一座座四合院组合而成的丰富多变的内部院落空间。我们游览北京故宫、苏州园林或其他古建筑，最深的印象是从一个院落走到另一个院落，一个个院落大小相同，组合有序，中国传统建筑的魅力就在这一重重院落中体现出来。石库门里弄民居体现的也正是这样一种传统的、中国的建筑空间观念。那么，石库门里弄民居与传统四合院住宅的主要区别在哪里呢？应当说是它们的空间组合方式。传统的四

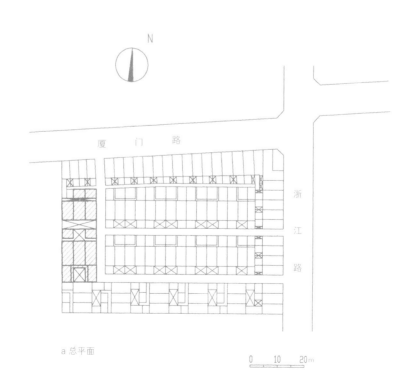

a.总平面

0    10   20m

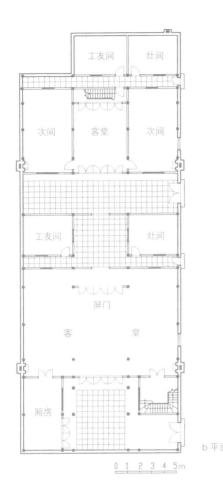

工友间　灶间

次间　客堂　次间

工友间　灶间

屏门

客　堂

厢房

b 平面

0 1 2 3 4 5m

图5-3a~c　上海洪德里总平面图、户型平面图和栏杆大样图

洪德里弄内一幢三开间二进石库门里弄民居是更为特殊的户型，估计是业主为自住而建，依稀可见多进四合院住宅的建筑格局。住宅装修亦较为精致，仍保持传统建筑风格，由图中栏杆大样可见一斑。

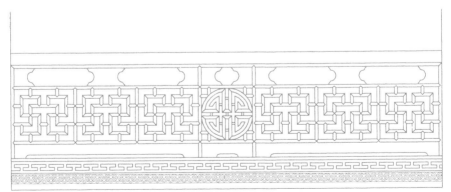

c 栏杆大样

0　25　50cm

合院住宅沿中轴线纵向展开，形成一重又一重的院落，"庭院深深深几许"正是由多进四合院构成的深宅大院的生动写照。而石库门里弄民居已是住宅建筑商品化的产物，城市中地价奇高，不容多占，于是采用西方联排式住宅的建造方式，将许多石库门里弄民居单元并联建造，横向组合，各户之间共用山墙，若干排建筑组合构成街坊——上海称为弄堂。正是这个街坊构成了石库门里弄民居特有的弄堂空间，这个弄堂空间是城市公共空间与住宅私有空间之间的过渡带，它的存在使石库门里弄民居与喧闹的城市街道隔离，形成安静舒适的居住环境。更重要的是，它的存在将里弄居民联系在一起，使整个弄堂的居民形成一个没有亲缘关系却相处融洽的大家庭，这个弄堂空间体现的正是中国传统民居的基本精神，在这个继承了传统建筑格局、传统建筑精神的弄堂空间中，散发着浓郁温馨的人情味，构成一个充满人情味的里弄环境。

六、充满人情味的里弄环境

图6-1 上海洪德里里弄环境
"锤子、剪刀、布"，孩子
们玩得真高兴。闹市中心，
过街楼外人车喧嚣，弄堂里
却是孩子们的天堂。

多年来，提高居住环境设计水平、创设良好的生活环境成为许多西方建筑师孜孜以求的目标，他们的成果也已经引起广泛的注意。荷兰建筑研究协会（SAR）于1973年提出了"生活基本组织"的概念，他们所指的生活基本组织的范围是紧邻住宅的直接的居住环境，就是居民一离开家就接触到的，甚至在住宅里也受到影响的，与居民生活密切相关的这么一个范围。小区就是由许多这样的基本组织组合而成。SAR提出：在规划与单体设计之间应该增加生活基本组织这样一个独立的设计阶段。美国的奥斯卡·纽曼（Oscar Newman）小组则从防止犯罪、建设有利于安全保卫的居住环境的角度出发，对美国的许多居住区进行了调查，指出"能防御的空间"的设想，认为应当从单体建筑到居住区范围逐级进行空间的再分割，避免造成人人都能去、人人都不管的地段，使住户互相熟悉，觉得这些地方是属于他们自己的，从而增加集体防卫的责任感。

图6-2 上海建业里里弄环境之一
不必担心车辆，不会干扰他人，踢毽子的女孩聚精
会神————只有在弄堂里才能这么自在

　　这些概念与设想都是源于这样一种基本的认识：在住宅区规划与住宅单体设计之间往往存在着一个设计中的空白带，增加新的设计层次，妥善地处理这个空白带，是改善居住区生活环境的重要环节。在这方面，石库门里弄民居确有它的独到之处，在一定程度上处理了这个空白带，在一部分处理较好的里弄中，里弄内部形成一个为弄内居民所共享而不受外界干扰的相对独立的空间，也就是城市公共空间与户内私有空间之间的过渡空间，由于这个过渡空间的存在，创造了一种为石库门里弄民居所特有的、比较安宁而富于生活气息的居住环境。

图6-3　上海建业里里弄环境之二

石库门前，邻里之间聊得正热闹。擦车的擦车，织毛衣的织
毛衣，嘴里不闲着，手里也不闲着，是讨论菜价的贵贱，是
诉说孩子的顽皮，还是夸耀丈夫的成功？对门的老人悠闲自
在，笑容可掬——饭已煮好，孙子还没回来，难得浮生片刻
闲呢。在这样的邻里环境之中，老人要出门，不是可以说一
声"替我看着锅，我打瓶酱油就回来"，转身就可离去么。
这样的福分，住在城里高楼中的人们是久违了。

图6-4 上海尊德里里弄环境之一
跨出自家的石库门就是干净、宽敞、安全的弄堂，
大孩子小孩子尽管放心玩耍。

　　这个过渡空间的作用，首先是作为弄内的交通枢纽，但是它的作用远远不止于此。在这个空间里，居民彼此交往，老人闲坐、儿童游戏、夏日乘凉、冬天晒太阳，这里的活动成为弄内居民日常生活的一个组成部分，这个空间对老人和孩子更为重要，因为老人和孩子是最需要方便也最需要安全保障的，里弄中的这个空间正是能够提供这种方便与安全保障的活动场所。这个空间可以说是家庭的延伸，这里的活动形成了一个彼此没有亲属关系却相处融洽的里弄大家庭。研究环境心理学的学者们指出，在城市旧住宅区中，没有家庭关系、没有特殊友谊也没有正式责任的邻居会彼此担负一些公共责任，在里弄住宅中也正是这样，许多里弄居民都有这样一种感觉：除了"我的

充满人情味的里弄环境

图6-5 上海尊德里里弄环
境之二 的晨
弄堂同样是老人们的乐土。
朝阳初升，练功的老人们目
不斜视，气沉丹田，已经进
入佳境。

家庭"之外，还存在一个"我们的里弄"，里弄中的这个公共空间是一个对大家都有益的、应当共同维护的公共空间，这个空间里的一切，理所当然地受到居民自觉的维护，里弄中的环境卫生总是要比其他住宅区好得多，弄内的公共设施也得到居民自觉的维护。而里弄居民彼此之间的互助精神、自觉执行的治安措施与对来访者的热情指点更是其他住宅区中难以见到的。

关于这一点，台湾汉宝德先生编译的《环境心理学——建筑之行为因素》一书中所辑简·雅各布斯的"人行道的效用：吸收儿童"一文中列举了一个很好的例子："当锁匠雷西（Lacey）先生因为我的一个儿子跑进街道而责备他，然后当我的丈夫经过他的锁店的时候把这件犯规的事告诉我丈夫，我的儿子所得到的比一次公然的安全及服从方面的教训还要多。由于只有街邻关系的雷西先生觉得对我儿子有某种程度的责任感而使他间接地上了一课。"就作者调查的情况看，在里弄民居中这种现象也是普遍存在的。

形成这种生活环境的原因是多方面的，有建筑因素，也有社会因素，后者包括几十年、两三代人长期共同生活形成的特殊的邻里关系与行之有效的居委会管理体制等，但是，建筑因素还是基本的、起主要作用的。

人情是人类共同的天性，亲情、爱情、友情、邻里之情，是所有民族共同追求共同向往的美好情操。在陆大献所著《三峡大移民》一书中，作为记者的作家记录了即将淹没的三峡坝区老农对故土故居的眷念之情："站在家门口，谁家弄啥吃都闻得到，到吃饭时上门去讨杯酒喝。街上家家的门都是敞着的，谁家有事都藏不住，一走上街，听到的尽是新鲜事，哪里用得着看报纸？不像城里那房，进门就关上，屋里闹鬼都不晓得。"这正是中国传统居住方式活生生的写照。如果说，四川农民的感慨稍嫌离题远了一些，那么，美国著名华裔女作家於梨华20世纪70年代中期回上海探亲时的感受则好像是专门为本书写的，女作家对石库门里弄民居生活环境的感受实在是太真挚了，我们不妨多费一点篇幅，摘录作家的原文，作为本节的结尾。作家到上海探访多年不见的妹妹，妹妹所居是在弄堂房子也就是石库门里弄民居之中。

我实在没时间去她家过夜或吃饭，但却抽出时间去了她家。她家在一个小弄堂里，巷很窄，两旁密密麻麻，尽是人家。但巷子扫得一干二净，就显得蛮明亮。我妹妹家在二楼。窄窄的楼梯上去，两间不算大的房，前房大些，有张双人床、五斗橱、方桌、衣柜等。家具却是红木的，光洁明亮。屋里坐着我妹妹一家人，及邻居的婆婆姑姑的。满满的一屋子。桌上摆着上海出的汽水、巧克力糖、蛋糕及糖果。她同她婆婆递茶递吃的，忙个不停，加上巷对面二楼上的邻居都拥出窗口，七嘴八舌地叫着我妹妹的名字："这就是你亲姊呀？像得来！一个印版出来的哩！不要怠慢她呵，这么远跑来看你！"

我妹妹又兴奋，又不安地站又不是，坐又不是，嘴里不停地说："阿姐，你吃嘛！"

我心里被她的亲情及她邻居们的友情塞得满满的，只是咧着嘴傻笑。

我问妹妹："你在这里住了多久？"

"好多年啰，解放后就住在这里的。阿姐，你住的地方不会这样挤吧？"

我摇摇头。当然无法告诉她我们有幢房子，但我们也是房子的奴隶，春天撒籽，夏天割草，秋天扫叶，冬天冒着苦寒铲六七寸厚的雪，而房子真正的主人却是银行。等你把银行二十年或二十五年的债还清时，你已经是个佝偻着背，无子无女的老人了，这时候你就得向吸了你二三十年青春的血的房子告别，而搬进等死的老人院了。

当然更无法告诉她，住在城外郊区的独幢房子里的寂寞，邻居不会隔着窗子对你叫：喂，好好招待你的客人啊；有事也不能朝对巷叫一声：喂，替我看看小毛，我就来。你病了，如果家人不在，你的邻居不会知道。没法向她解释什么，只好摇摇头，说：

"是，不像你这样挤，但不如你的舒服。"

七、精巧的建筑细部

精巧的建筑细部

　　观赏建筑可以有三种距离：远距离、中距离与近距离。远距离看到的是建筑的总体轮廓、大体量与大面色彩，细部都忽略了，我们站在天安门广场上看天安门就是这种感觉。中距离既可看到建筑的整体，也可看到建筑的细部，但这个整体已经不是一目了然、总揽全局的整体，细部可以看到，却不十分清晰。近距离观赏则是一种移动式的观赏，距离近了，所有的细部形状、色彩、质感看得一清二楚，适于细细鉴赏，但每次看到的只是一个很小的局部，因此需要不断移动目光才可依次观赏，最后得到一个整体印象。

　　中国传统建筑由一组组四合院组成，进入院落，视线自然受到院落尺度的限制，除了明清故宫那样的庞然大物之外，大多数中国传统建筑只能在近距离上观赏。民居建筑体量较小，这种限制就更严一些。正因为如此，中国民居极重视建筑细部处理，造型、色彩、比例、尺度都很讲究。这些建筑细部是直接与人接触的，伸手就可摸到，做工特别精细，式样小巧玲珑，有如家具，往往令人叹为观止。

　　石库门里弄民居的天井比传统四合院住宅的院落更小一些，住宅以外的弄堂则与之尺度相当，我们不妨把整个弄堂看成一个大四合院，从外至内逐件观赏里弄民居精巧的建筑细部处理。

　　走进弄堂，我们会看到过街楼，二层横跨弄堂联结两排住宅，底层则透空形成门洞。

图7-1 上海步高里弄口牌楼

牌楼本是中国传统建筑特有的小品建筑,步高里弄口牌楼却与已经西化的后期石库门里弄十分协调。究其原因,一是色调协调,牌楼与里弄建筑色调基本一致;二是材质相同,牌楼不用琉璃瓦而使用西式红筒瓦;三是部件简化,牌楼斗拱简化为象征性的符号,脊饰亦颇简洁。因此中式牌楼可与西化的里弄建筑协调共处。

**图7-2 上海大田路334弄弄口过街楼**

全盘西化，立面构图十分完美。一层里弄入口大跨度半
圆拱券支撑在短粗的方柱上，二层两个尺度适宜的窗亦
作半圆拱券，三根壁柱与一层柱式呼应，两层处理手法
一致，但尺度与虚实对比强烈。墙面自下而上，三角
形、方形与圆形花饰彼此呼应。这一切，构成丰富生
动、构图完美的立面效果，西方古典构图手法的运用可
称炉火纯青。

图7-3 武汉同兴里弄口过街楼

青砖墙，二层窗上红砖砌筑的半圆拱券、顶部女儿墙半圆
抹角与圆形花饰共同构成小巧别致的过街楼沿街立面。

图7-4 上海建业里弄内过街楼

红筒瓦马头山墙夹着红瓦坡顶的过街楼，中西合璧，倒也融洽协调。过街楼的设置使里弄空间通透，平添几分情趣，几分生气。

图7-5 上海复兴中路346弄弄内过街楼（对面页）

后期石库门里弄受现代建筑思潮影响，简化装饰，崇尚素洁，复兴中路346弄过街楼正是受这种思潮影响的产物。

其本意大约是用地紧张，设置过街楼占天不占地，可以增加面积。建成后的空间效果却是很理想的，过街楼打断了长长的弄堂，又用门洞将打断的弄堂连在一起，似断非断，空间就丰富多变。过街楼的洞口又像一个景框，使弄堂景观更增几分魅力。

弄堂里最显眼的是石库门，一户一门，依次排开，韵律感极强，是石库门里弄民居的主要标志。石库门又称墙门或仪门，在中国传统建筑中常常用在每进院落间的塞口墙上，用条石作门边框与上槛，门则用约二寸厚的木料加工成实拼门，两头做木轴，称木摇梗，在石料上刻轴眼，门在轴眼中转动启闭。早期石库门

筑境 中国精致建筑100

图7-6 上海天潼路847弄慎
余里弄口过街楼
过街楼将长长的弄堂与街道
隔开，也将长长的弄堂与街
道连通，似断非断，弄堂尽
头的空洞更增添了弄堂空间
的魅力。

里弄民居的石库门仍依旧制：木料实拼、木摇梗启闭，门宽约150厘米，高约250厘米，因当时出门乘轿，丧葬用棺，门的尺度就依轿、棺尺寸而定。石库门一律都是黑色，门上有铜环或铁环一对。建造较早的石库门在石过梁两侧往往雕有石雕雀替，门头上有精美的砖雕，刻的都是传统图案。后来受租界区内西洋建筑的影响，改用西方建筑形式的三角形山花、半圆拱券或巴洛克风格的曲线山花，更有在门两侧做西洋柱式的，已渐趋洋化。至1920年以后，随现代建筑的传播，石库门亦简化装饰，门头改为水刷石饰面，有的石库门已经完全取消了装饰。

a

b

图7-7 上海浙江中路599弄洪德里13号石库门石雕雀替及细部

洪德里是早期建造的石库门里弄民居，受江南民居影响较大，但年代久远，已面目全非，当年青砖黛瓦、马头山墙的风姿已不复存在。唯洪德里13号石库门尚幸存一对石雕雀替，可由此窥见当年风貌。石雕雀替采用宋《营造法式》所载中国古代石雕四法之一的"剔地起突"即高浮雕手法雕刻，起伏大，立体感强，远观虚实对比鲜明，近看亦颇精致生动。

跨进石库门，就到了天井之中，首先看到的当然是堂屋的落地长窗。早期石库门里弄民居的结构形式都取传统的立帖结构，由木柱、檩条及房梁构成，屋面荷载由檩条传至房梁，房梁传至立柱，楼面荷载则由直接架在木柱上的木梁传给木柱，这就构成民间所谓"墙倒屋不塌"的木结构体系，由于除山墙外的墙都不承重，只起间隔作用，所以能做到墙倒屋不塌。也就是说，石库门里弄民居的隔墙可以随意移动或取消，这对使用者来讲是极方便极实用的。正因如此，客堂面向天井的一侧就可以全部做成落地长窗，既是门又是窗，夏天卸去，客堂与天井连成一体，又宽敞又风凉，家中来客多了，也可将落地长窗卸去，天井加客堂就形成一个大客堂，实在是方便实用。

落地长窗一般六扇或八扇并列，上下做木槛，用木摇梗启闭，上半截做格子窗，下半截镶绦环板，落地到槛，做工精细，花心及腰华板的花饰仍为中国传统建筑花饰。

站在天井里向楼上看，可以看到二层客堂与厢房窗下的木栏杆与木裙板。做工精巧的木栏杆内衬以木裙板，夏日卸去木裙板，室内通风良好，这也是适应上海、汉口炎热气候的做法。这些传统的木装修给石库门里弄民居增添了几分典雅，几分古朴。

a

b

图7-8 上海天津路157弄老祥康里石库门石雕雀替及细部

1908年建造的老祥康里历经沧桑，同样面目全非，但里弄中4号石库门条石门边框、门过梁及石雕雀替仍保存完好。这对石雕雀替采用宋代《营造法式》所载中国古代石雕四法之一的"压地隐起"即浅浮雕手法雕刻，凹下去的"地"大致在一个平面上，凸起的浮雕起伏不大，大约只有1～2厘米。

在一些比较讲究的石库门里弄民居中，室内还采用了传统的飞罩分隔空间，隔而不断，装修也很典雅，遗憾的是，从现存实物中，我们已经找不到使用飞罩的实例了。

最后值得一提的是石库门里弄民居外檐使用的马头山墙，这是早期石库门里弄民居常用的外装修手法，粉墙黛瓦，山头层层跌落，江南民居风韵尽在其中。后期装修逐渐洋化，马头山墙就很少见到，取而代之的是西化的山墙。

石库门里弄民居

精巧的建筑细部

镜境 中国精致建筑100

图8-1 上海尊德里石库门之一
黑色实拼木门保留，石雕雀替
省略，条石门边框、门过梁简
化，砖雕西式古典三角形山花
砖工精细，颇富美感

图8-2 上海尊德里石库门之二
（对面页）
同一弄堂中石库门建造较晚者
已大为改观，简化装饰，略具
现代建筑风采，除条石门边框
门过梁外均使用水刷石饰面。

回顾中国近现代建筑史，有一种思潮贯穿始终，至今仍是中国建筑界也是中国老百姓关注的焦点，那就是对中国建筑民族风格的追求。大约从20世纪20年代中期开始，留学海外学成归来的建筑师逐渐增多，除开办建筑师事务所外，他们也创办了中国的建筑教育事业，培养了一批中国建筑师。20世纪二三十年代是中国建筑剧烈变革的年代，西方建筑堂而皇之进入中国，中国传统建筑面临西方建筑的挑战。两种完全不同的建筑文化直接碰撞的结果产生了中西建筑文化交融的新建筑体系。石库门里弄民居就是一批不经建筑师之手的"中西交融"的建筑，研究这种特定历史条件下产生的特殊建筑文化现象同样是很有意义的。

石库门里弄民居

发人深省的建筑文化现象

筑境 中国精致建筑100

图8-3 上海兴业路66号石库门
以青砖墙为背景的红砖石库门引人注目，采用西方古典建筑手法，造型丰富，构图完美。

图8-4 上海树德里石库门/对前页
青砖红砖相间使用，加上黑色石库门，白色条石门边框门过梁，色调丰富，颇具特色，砖工精细，造型也很美。

石库门里弄民居从1876年前后开始建造，辛亥革命后至20世纪20年代进入建造高潮期，1930年以后已很少建造。而中国第一代建筑师开始探索中国建筑民族风格的年代大致在1928年前后。也就是说，石库门里弄民居的建造是在中国建筑师有意识地探索民族风格建筑之前。石库门里弄民居是没有建筑师的建筑，体现在其中的西方建筑的影响主要是由社会风尚所致，完全是无意识的结果。因此石库门里弄民居大同小异，形成了一个基本模式，流风所至，一段时间内流行一种式样。它的形成过程如同传统民居一样，大致遵循这样一种模式：工匠按业主要求自发的创造一定范围内竞相模仿——在多次重复的建筑过程中竞争改进——

逐渐形成为业主接受的固定模式——不断流传形成有强烈地方建筑风格的民居建筑。这个过程不断重演。因不同地区自然条件与人文条件的差异而形成风格迥异的各地区民居。

石库门里弄民居发展过程中极重要的因素是业主的参与与工匠的发挥。发展初期城市中西方建筑的影响尚微,业主及居住者多为江浙两省及江西的乡绅,头脑中传统意识很浓,工匠多为世代相传建造传统建筑的好手。因此早期石库门里弄民居受传统建筑的影响很大,尤其是结构形式与装修做法,基本上保留了江南民居的传统。随着时间的推移,西方建筑的影响日益扩大,石库门里弄民居的居住者也逐渐改变成分,新一代的商人、职员、自由职业者增多,生活方式日趋洋化,而多年参与租界区西方建筑建造的工匠也已熟悉了西方建筑的做法。西方建筑的影响就随业主与居住者的喜好,随工匠的发挥逐渐渗透到石库门里弄民居之中。

图8-5 上海慈溪路180弄3号石库门/对面页
简化装饰和体块组合,饰面材料已改用水刷石。

发人深省的建筑文化现象

筑境 中国精致建筑100

图8-6 上海尊德里天井仰视/前页

天井内一层堂屋设落地长窗，可全部敞开或卸去，但几经维修，已非原貌。二层窗下已取消木栏杆木裙板，改为水刷石饰面的实墙，这是后期石库门里弄民居的特点。

a

b

图8-7 上海建业里马头山墙

建业里马头山墙中西合璧，颇有特色，但采用红砖墙体、西式红筒瓦，已不见早年粉墙黛瓦的江南民居风韵。早期石库门里弄如洪德里、老祥康里都已面目全非，故附清末界画一帧、历史照片一帧，或可窥见20世纪初上海马头山墙风貌。

图8-8 上海浙江中路118弄西式山墙
后期石库门里弄民居多改用西式山墙，
浙江中路118弄是较典型的实例。

同样是"中西建筑文化交融"的产物，自然渗透形成的石库门里弄民居与以后建筑师大力提倡的民族风格建筑大不相同。没有建筑师的参与，由工匠执掌大权，工匠则受命于业主，实际上由工匠与业主共同商议确定方案，往往以已建成的里弄为样本，议论优劣、确定改进方案，就可照此施工。这样建成的建筑源自模仿，不免雷同，但在多次模仿中不断改进，逐渐完善，可充分满足居住者的要求，对住宅建筑来讲，应当是最理想的设计方法。而建筑细部处理则由工匠自由发挥，迎合普通百姓的审美心态，迎合社会风尚，虽不免俗气、匠气，却保持着民间建筑纯朴自然的风格，自然为普通百姓所喜闻乐见。

随着时代的发展，石库门里弄民居已随它所适应的生活方式一起成为历史，而在特殊历史条件下形成的这种特殊建筑文化却给我们留下宝贵的建筑遗产。我们可以从中学到许多，许多。

后
记

镜 中国精致建筑100

作者与石库门里弄民居似乎有些缘分。1976年，还是完全不能过问学术的年代，也从未接触过这个课题，看到美籍华裔女作家於梨华描述上海弄堂房子中生活情景的文字，很觉真挚感人，当即保存在书箱之中也保存在记忆之中，因之十几年后可在本书之中加以引述。其后，1980—1981年对里弄民居作了系统全面的调查研究，除上海、天津外，并发掘汉口这个里弄民居宝库。1988年因研究近代建筑史再度爬梳剔抉，理论上又有新的认识。至1994年，中国建筑工业出版社拟出版"中国精致建筑100"丛书，石库门里弄民居列为选题之一，于是伏首案头，开始第三次研究整理。时光流逝，阅历渐深，资料积累与理论探讨均略有进展，历时半载，书稿完成，较之前几年应当有些进步吧。

书中图版，凡作者调查时测绘者均已注明，其余图版原稿系我的老师童鹤龄先生所赐，这些上海里弄民居图稿各类书、文多有引用，均未注明原始出处，当为前辈建筑师测绘所得。图稿工整精细，敬业精神令人钦佩，本书引用七例，谨致诚挚的谢意。

全书图版由我的研究生施建文用电脑重新绘制，照片均由作者本人拍摄。又蒙武汉华中理工大学张光辉、张甘二君及上海亲友纪文昶、纪莉、王长青协助调查，谨在此一并致谢。

杨秉德

1996年5月于天津大学

# 大事年表

| 公元纪年 | 大事记 |
|---|---|
| 1840年 | 第一次鸦片战争爆发，标志着中国近代史的开端 |
| 1842年8月 | 中英《南京条约》签订，开放五口通商，上海开埠 |
| 1845年11月 | 英国与上海地方政府订立《上海土地章程》，划定英人居留地，即后来的英租界，这是外国在中国侵占租界之始 |
| 1848年 | 美国在上海设立美人居留地 |
| 1849年 | 法国在上海设立法人居留地，即后来的法租界 |
| 1851年 | 洪秀全在广西金田村起义，建立太平天国 |
| 1853年9月 | 小刀会起义，占领上海县城达十七个月，豪商富绅迁居上海英人居留地，英商建木板房屋出租，是石库门里弄民居的雏形 |
| 1856—1860年 | 第二次鸦片战争 |
| 1858年6月 | 《天津条约》签订，开放沿海六处、沿长江四处通商口岸，汉口开埠 |
| 1860年10月 | 《北京条约》签订，天津开埠 |
| 1860年12月 | 英国在天津设立租界 |
| 1860—1862年 | 李秀成率太平军两次进攻上海，江、浙两省绅商大批迁入上海英人居留地，英人居留地内华人几达50万人，木板房屋大量建造 |
| 1861年 | 法、美两国在天津设立租界。英国在汉口设立租界 |
| 1863年 | 上海美人居留地与英人居留地合并，即后来的公共租界 |
| 1869年 | 英、美、法等国政府迫使清政府修改《上海土地章程》，获得居留地的统治权，居留地成为真正的租界 |
| 1870年 | 上海英租界为防止火灾取缔木板房屋代之以砖木立帖结构的联排式住宅，产生最早建造的一批石库门里弄民居 |
| 1889—1907年 | 张之洞任湖广总督，在汉口修建铁路，堤防，开办工厂，汉口旧城区得到发展 |
| 1894—1895年 | 中日甲午战争 |
| 1895年 | 中日签订《马关条约》 |
| 1895年 | 德国在天津、汉口设立租界 |
| 1896年 | 日本在天津设立租界。俄国、法国在汉口设立租界 |
| 1898年 | 日本在汉口设立租界。至此，汉口共有英、俄、法、德、日五国租界 |

| 公元纪年 | 大事记 |
|---|---|
| 1900年 | 八国联军侵华战争。八国联军侵占北京。《辛丑条约》签订 |
| 1900年 | 俄国在天津设立租界 |
| 1900年 | 上海早期石库门里弄民居开始在租界区内及南市十六铺一带大量建造 |
| 1901—1907年 | 袁世凯任直隶总督，在天津推行新政，开发天津河北新区 |
| 1902年 | 意大利、比利时在天津设立租界。天津美租界并入英租界 |
| 1902年 | 清廷开始推行新政，奖励私人投资办工业，废除科举兴办学堂，鼓励出国留学，改革军制创办新军 |
| 1902—1905年 | 上海房地产商至汉口投资，按上海模式建造汉口第一批石库门里弄民居 |
| 1903年 | 奥地利在天津设立租界。至此，天津共有英、法、德、日、俄、意、奥、比八国租界 |
| 1911年 | 辛亥革命。冯国璋纵兵放火焚烧汉口旧城区 |
| 1911—1920年 | 上海、汉口石库门里弄民居大量建造。天津南市区建造早期石库门里弄民居，俗称"锁头式住宅" |
| 1916年 | 上海建斯文里，1921年竣工，是上海最大的石库门里弄 |
| 1917年 | 汉口华商房产商发起开辟"模范区"的营建活动，几年内在"模范区"内建造了一批石库门里弄民居 |
| 1926年 | 湖北官钱局倒闭，汉口工商界受到重大打击，汉口石库门里弄民居的建造逐渐停止 |
| 1930年 | 上海建造建业里，步高里等最后一批石库门里弄民居，进入20世纪30年代以后，石库门里弄民居逐渐为新式里弄住宅所取代，其建造活动遂告终止 |

图书在版编目（CIP）数据

石库门里弄民居／杨秉德撰文／摄影．—北京：中国建筑工业出版社，2013.10
（中国精致建筑100）
ISBN 978-7-112-15911-6

Ⅰ. ①石… Ⅱ. ①杨… Ⅲ. ①民居–建筑艺术–上海市–图集 Ⅳ. ① TU241.5-64

中国版本图书馆CIP数据核字（2013）第229176号

©中国建筑工业出版社

责任编辑：董苏华 张惠珍 李 婧 孙立波
技术编辑：李建云 赵子宽
图片编辑：张振光
美术编辑：赵 清 康 羽
书籍设计：瀚清堂·赵 清 周伟伟 康 羽
责任校对：张慧丽 陈晶晶 关 健
图文统筹：廖晓明 孙 梅 骆毓华
责任印制：郭希增 臧红心
材料统筹：方承艺

中国精致建筑100

**石库门里弄民居**

杨秉德 撰文/摄影

中国建筑工业出版社出版、发行（北京西郊百万庄）
各地新华书店、建筑书店经销
南京瀚清堂设计有限公司制版
北京顺诚彩色印刷有限公司印刷

开本：889×710毫米 1/32 印张：2$^7/_8$ 插页：1 字数：123千字
2016年5月第一版 2016年5月第一次印刷
定价：**48.00**元
ISBN 978-7-112-15911-6
　　（24342）